# CRIPTOGRAFÍA

# AGRADECIMIENTO

**Mi nombre es Jorge Sarango
Soy Licenciado en Ciencias
Empresario y Escritor de
libros como CRIPTOGRAFÍA
Mi Agradecimiento Y
Dedicatoria a mis 4 hijas
Silvana, Evelin. Lorena
y Bea .**

# ÍNDICE

# CRIPTOGRAFÍA

**Criptografía Cuántica**

**INTRODUCCIÓN**

En la vasta y siempre evolutiva esfera de la seguridad digital, la criptografía se erige como la guardiana de secretos, la protectora de la información sensible y la artífice de la confidencialidad en un mundo cada vez más interconectado.

Desde los primeros cifrados en pergaminos hasta los complejos algoritmos contemporáneos, la criptografía ha experimentado una fascinante metamorfosis, adaptándose a los desafíos cambiantes de la era digital.

Este libro, titulado simplemente "Criptografía", se embarca en un viaje a través de los intrincados vericuetos de esta disciplina, desentrañando sus fundamentos históricos, los principios matemáticos subyacentes y las últimas fronteras tecnológicas.

Sin embargo, no nos limitamos a explorar los senderos ya trillados de la criptografía clásica; nos aventuramos audazmente en el excitante territorio de la criptografía cuántica, donde las leyes de la física cuántica transforman radicalmente la forma en que concebimos la seguridad de la información.

A lo largo de estos capítulos, examinaremos los cimientos de la criptografía, desde las técnicas más antiguas hasta los algoritmos modernos.

A medida que avanzamos, nos sumergiremos en las complejidades de la criptografía cuántica, explorando sus promesas y desafíos en la protección de datos en la era de la computación cuántica.

Prepárese para un viaje intelectual a través de la historia, la teoría y las aplicaciones prácticas de la criptografía.

Al final de este libro , esperamos haber proporcionado una visión integral de un campo que no solo protege secretos, sino que también revela la maravilla de la ciencia y la tecnología que hay detrás de cada mensaje cifrado.

# CAPÍTULO 1 CRIPTOGRAFÍA CUÁNTICA ACTUAL

La criptografía cuántica viene como una luz de esperanza en la búsqueda de métodos de comunicación y seguridad más allá de las capacidades de la criptografía clásica.

En este capítulo, nos sumergimos en el estado actual de la criptografía cuántica, explorando los desarrollos más recientes que están transformando la forma en que entendemos y protegemos la información en la era cuántica.

## Avances Tecnológicos en Criptografía Cuántica

La primero en este capítulo nos dedicaremos a examinar los avances tecnológicos en criptografía cuántica que han llevado a la creación y mejora de sistemas de seguridad cuántica.

Desde la implementación de sistemas de comunicación cuántica hasta el desarrollo de protocolos criptográficos cuánticos, destacamos cómo la investigación y la innovación están allanando el camino hacia un futuro donde la inviolabilidad de la información se basa en los principios fundamentales de la mecánica cuántica.

**Protocolos Cuánticos para la Comunicación Segura**

En la segunda parte hablaremos sobre los protocolos cuánticos que sirven como pilares para la comunicación segura.

Exploramos cómo los principios de superposición y entrelazamiento cuánticos son aprovechados para la creación de claves cuánticas seguras y para garantizar la detección de cualquier intento de interferencia en la transmisión de datos cuánticos.

Al destacar ejemplos como el protocolo BBM92 y el algoritmo de distribución de claves BB84, ilustramos cómo estos protocolos están revolucionando la seguridad de la información.

## Desafíos y Consideraciones Éticas en Criptografía Cuántica

**El capítulo contribuye con una mirada crítica a los desafíos y consideraciones éticas que acompañan a la criptografía cuántica en la actualidad.**

**Desde la gestión de recursos cuánticos hasta las implicaciones de la supremacía cuántica, analizamos cómo la comunidad científica y la sociedad en general están abordando las cuestiones éticas que surgen en este emocionante pero complejo campo.**

**Al explorar la criptografía cuántica actual, este capítulo sirve como una ventana al presente, donde la teoría cuántica y la seguridad de la**

información convergen para forjar un camino hacia un futuro digital más seguro y resistente.

# CAPÍTULO 2  LOS FUNDAMENTOS DE LA SEGURIDAD DE LA INFORMACIÓN

En este capítulo,nos adentramos en los sólidos cimientos que sustentan la seguridad de la información, aquellos principios esenciales que han sido la base de la criptografía y la protección de datos a lo largo del tiempo.

Veremos las raíces históricas de la seguridad de la información, así como los pilares contemporáneos que sostienen las estrategias de protección de datos en la era digital.

## La Evolución de la Seguridad de la Información

Comenzaremos nuestro viaje revisitando los orígenes de la seguridad de la información, desde las técnicas rudimentarias utilizadas en épocas antiguas hasta los primeros intentos de cifrado en la era de las máquinas.

Analizaremos cómo las civilizaciones han buscado salvaguardar sus secretos a lo largo del tiempo, marcando hitos que eventualmente llevarían al desarrollo de la criptografía moderna.

## Principios Matemáticos en Seguridad Criptográfica

Entraremos en la esencia matemática que impulsa la seguridad criptográfica.

Desde la teoría de números hasta la complejidad computacional, exploraremos cómo los principios matemáticos subyacentes han sido esenciales para la creación de algoritmos robustos que protegen la confidencialidad y la integridad de la información.

Tipos de Amenazas y

Vulnerabilidades

Adentrándonos en el panorama actual de la seguridad de la información, analizaremos los diversos tipos de amenazas y vulnerabilidades a las que se enfrentan los datos digitales.

Desde ataques cibernéticos hasta amenazas internas, exploraremos cómo la comprensión de estas amenazas es crucial para diseñar estrategias de seguridad efectivas.

## Enfoques Contemporáneos en Seguridad

En este  capítulo examinaremos los enfoques contemporáneos en seguridad de la información.

Desde la seguridad basada en el comportamiento hasta la inteligencia artificial aplicada a la detección de amenazas, destacaremos cómo las estrategias de seguridad evolucionan para hacer frente a los desafíos en constante cambio del entorno digital.

Al explorar los fundamentos de la seguridad de la información, este capítulo proporciona una visión integral de los principios que han guiado y siguen guiando la protección de datos en nuestra sociedad cada vez más conectada.

# CAPÍTULO 3  LA EVOLUCIÓN DE LA CRIPTOGRAFÍA  A LO LARGO DE LA HISTORIA

En este capítulo, viajaremos a través del tiempo para explorar la fascinante evolución de la criptografía, desde sus primeros vestigios en civilizaciones antiguas hasta las complejas tecnologías contemporáneas que resguardan nuestros secretos digitales.

Este recorrido histórico nos permitirá comprender cómo la necesidad de proteger información confidencial ha sido un hilo conductor a lo largo de los siglos, dando forma a la criptografía en sus diversas formas.

## Criptografía en las Civilizaciones Antiguas

Iniciaremos nuestro viaje en las civilizaciones antiguas, donde la necesidad de comunicarse de manera segura impulsó la creación de los primeros códigos y cifrados.

Desde los jeroglíficos egipcios hasta la transposición de letras en la Roma antigua, exploraremos cómo los pueblos antiguos desarrollaron métodos ingeniosos para proteger la confidencialidad de la información.

## La Edad Media y los Códigos Secretos

Nos sumergiremos en la Edad Media, una época de intrigas y

conspiraciones, donde la criptografía desempeñó un papel crucial en la transmisión segura de mensajes.

Examinaremos el auge de los cifrados de sustitución y las técnicas de esteganografía utilizadas por figuras históricas para resguardar información vital.

## La Revolución Criptográfica en el Renacimiento

Exploraremos cómo el Renacimiento marcó una revolución en la criptografía, con el auge de mentes brillantes que concibieron métodos más avanzados.

Desde las cifras poli- alfabéticas de Alberti hasta la cifra del cifrado de Vigenère, examinaremos cómo estas innovaciones sentaron las bases para la criptografía moderna.

## Criptografía en la Era de las Máquinas

Nos adentraremos en el siglo XX, una era marcada por avances tecnológicos que transformaron radicalmente la criptografía.

Desde las máquinas cifradoras de Enigma utilizadas durante la Segunda Guerra Mundial hasta la llegada de la criptografía de clave pública, analizaremos cómo la tecnología impulsó la seguridad de la información a nuevas alturas.

## La Criptografía en la Era Digital

Exploramos la criptografía en la era digital, donde las complejas redes de comunicación y la explosión de datos han presentado desafíos únicos.

Desde el algoritmo RSA hasta los estándares de cifrado en la actualidad, examinaremos cómo la criptografía continúa adaptándose a un mundo interconectado.

Este capítulo nos lleva a través de los giros y vueltas de la historia de la criptografía, mostrando cómo esta disciplina ha evolucionado para mantener la confidencialidad en diferentes épocas y contextos.

# CAPÍTULO 4 PRINCIPIOS MATEMÁTICOS EN CRIPTOGRAFÍA

Este capítulo se sumerge en el núcleo mismo de la criptografía: los principios matemáticos que constituyen la base de la seguridad en la protección de la información.

Desde la teoría de números hasta la complejidad computacional, exploraremos cómo las disciplinas matemáticas han sido esenciales para la creación de algoritmos criptográficos robustos a lo largo de la historia.

Teoría de Números y Criptografía

Comenzaremos desentrañando la conexión profunda entre la teoría de números y la criptografía. Investigaremos cómo los números primos, la aritmética modular y otros conceptos fundamentales han sido empleados para desarrollar algoritmos de cifrado, con énfasis en métodos como el algoritmo de Euclides y el teorema de Euler.

## Algoritmos Criptográficos Clásicos

Exploraremos los algoritmos clásicos que han sido pilares en la protección de datos a lo largo del tiempo.

Desde el cifrado de César hasta el cifrado de transposición, analizaremos cómo la aplicación ingeniosa de principios matemáticos simples ha permitido a las civilizaciones salvaguardar sus comunicaciones más sensibles.

## Complejidad Computacional y Seguridad

Avanzaremos hacia la era moderna de la criptografía, donde la complejidad computacional se convierte en un elemento central.

Examinar las funciones de un solo sentido, las funciones hash y los problemas matemáticos difíciles de invertir, como el problema del logaritmo discreto, nos proporcionará una visión de cómo la dificultad computacional subyacente se convierte en la fortaleza de los algoritmos criptográficos contemporáneos.

# Criptografía de Clave Pública y Privada

Nos sumergiremos en el mundo de la criptografía de clave pública y privada, explicando cómo los problemas matemáticos intrínsecos, como la factorización de números grandes, forman la base de la seguridad de la clave pública.

Analizaremos algoritmos como RSA y Diffie-Hellman para entender cómo estos principios matemáticos permiten la comunicación segura a través de redes inseguras.

## Desafíos y Tendencias Actuales

Seguimos explorando los desafíos actuales y las tendencias

emergentes en la intersección de las matemáticas y la criptografía.

Desde la computación cuántica hasta el diseño de algoritmos resistentes a ataques cuánticos, analizaremos cómo la evolución constante de la tecnología plantea nuevos retos que requieren respuestas matemáticas innovadoras.

Al sumergirnos en los principios matemáticos que subyacen a la criptografía, este capítulo busca proporcionar una comprensión profunda de cómo la rigurosidad matemática ha sido y sigue siendo esencial para asegurar nuestras comunicaciones más críticas.

# CAPÍTULO 5 TIPOS DE ALGORITMOS CRIPTOGRÁFICOS

En este capítulo, exploraremos la diversidad de algoritmos criptográficos que constituyen la columna vertebral de la protección de la información.

Desde métodos clásicos hasta enfoques modernos, analizaremos los diferentes tipos de algoritmos utilizados para cifrar y descifrar datos, así como las características que los hacen idóneos para distintos contextos y aplicaciones.

**Criptografía Simétrica:**

**Un Legado de Eficiencia**

Iniciaremos nuestra exploración con la criptografía simétrica, donde un solo secreto compartido entre las partes permite tanto cifrar como descifrar la información.

Examinaremos algoritmos clásicos como DES y AES, destacando la eficiencia y velocidad que caracterizan a estos métodos, así como sus aplicaciones en la protección de datos en grandes cantidades.

Criptografía Asimétrica:

La Revolución de las Claves

Públicas y Privadas

Nos sumergiremos en la revolución introducida por la criptografía asimétrica, donde pares de claves públicas y privadas ofrecen una capa adicional de seguridad.

Analizaremos algoritmos fundamentales como RSA y ECC, explorando cómo estos métodos han transformado la comunicación segura y la autenticación en el entorno digital.

## Funciones de Resumen Criptográficas: Garantizando Integridad

Abordaremos las funciones de resumen criptográficas, también conocidas como funciones hash, que desempeñan un papel crucial en garantizar la integridad de los datos.

Examinaremos algoritmos como SHA-256 y MD5, analizando cómo estas funciones convierten grandes conjuntos de datos en valores hash únicos y cómo se aplican en la verificación de la integridad de archivos y mensajes.

Firma Digital:

Autenticación y No Repudio

Exploraremos la firma digital, un componente esencial de la criptografía asimétrica, que proporciona autenticación y no repudio.

Detallaremos cómo algoritmos como DSA y ECDSA permiten a los usuarios firmar digitalmente documentos y mensajes, validando la identidad del remitente y asegurando la integridad de la información.

## Algoritmos de Intercambio de Claves:

## Garantizando la Confidencialidad

Concluimos este capítulo explorando algoritmos de intercambio de claves, fundamentales para asegurar la confidencialidad de las comunicaciones.

Nos sumergiremos en métodos como Diffie-Hellman y el intercambio de claves cuánticas, resaltando cómo estos algoritmos permiten a las partes acordar claves secretas incluso en entornos no seguros.

Al examinar estos tipos de algoritmos criptográficos, este capítulo proporciona una visión completa de las herramientas fundamentales utilizadas para asegurar la información en el mundo digital.

# CAPÍTULO 6 CRIPTOGRAFIA SIMETRICA Y ASIMETRICA

Este capítulo sumerge al lector en la dualidad de la criptografía simétrica y asimétrica, dos paradigmas fundamentales que desempeñan papeles complementarios en la seguridad de la información.

Exploraremos cómo estos enfoques abordan diferentes aspectos de la protección de datos, destacando sus fortalezas y aplicaciones específicas en el vasto paisaje de la ciberseguridad.

## Criptografía Simétrica: Un Vínculo Eficiente entre Velocidad y Seguridad

Comenzaremos nuestro viaje adentrándonos en la criptografía simétrica, donde un único secreto compartido se utiliza tanto para cifrar como para descifrar información.

Exploraremos algoritmos clásicos como DES (Data Encryption Standard) y AES (Advanced Encryption Standard), destacando su eficiencia en el cifrado masivo de datos y su papel crucial en la protección de la confidencialidad.

## Criptografía Asimétrica:

## La Revolución de las Claves Públicas y Privadas

**Nos sumergiremos en la revolución introducida por la criptografía asimétrica, donde pares de claves públicas y privadas ofrecen un enfoque más versátil.**

**Examinaremos algoritmos como RSA (Rivest-Shamir-Adleman) y ECC (Elliptic Curve Cryptography), explorando cómo estos métodos proporcionan autenticación, confidencialidad y no repudio, marcando un hito en la seguridad digital.**

## Híbridos Simétrico-Asimétrico: Optimizando la Eficiencia y Seguridad

Abordaremos la poderosa combinación de la criptografía simétrica y asimétrica en enfoques híbridos.

Exploraremos cómo estos sistemas aprovechan lo mejor de ambos mundos: la eficiencia en el cifrado masivo de la criptografía simétrica y la flexibilidad de la criptografía asimétrica para el intercambio seguro de claves.

**Protocolos de Seguridad Modernos: SSL/TLS como Ejemplo**

Analizaremos protocolos modernos de seguridad que utilizan tanto criptografía simétrica como asimétrica para garantizar la confidencialidad y autenticación en comunicaciones en línea.

Nos centraremos en ejemplos como SSL/TLS (Secure Sockets Layer/Transport Layer Security), ilustrando cómo estos protocolos han mejorado la seguridad en la transmisión de datos sensibles a través de la web.

**Desafíos y Futuros Desarrollos en la Criptografía de Clave Compartida y Pública**

Seguiremos explorando los desafíos actuales y los futuros desarrollos en ambas ramas de la criptografía.

Desde la resistencia a ataques cuánticos hasta la búsqueda de algoritmos más eficientes, analizaremos cómo la investigación continua impulsa la evolución de estos fundamentales pilares de la seguridad digital.

Este capítulo proporciona una visión completa de la criptografía simétrica y asimétrica, permitiendo al lector apreciar la interconexión y la complementariedad de estos enfoques en la protección de la información sensible en el ciberespacio.

# CAPÍTULO 7 DESAFÍOS ACTUALES EN SEGURIDAD CRIPTOGRÁFICA

En este capítulo, nos sumergimos en los desafíos contemporáneos que enfrenta la seguridad criptográfica en un entorno digital dinámico y en constante evolución.

Analizaremos las amenazas emergentes, las vulnerabilidades persistentes y los escenarios que desafían la robustez de los sistemas criptográficos actuales.

## Amenazas Cibernéticas Avanzadas

Exploraremos las amenazas cibernéticas avanzadas que desafían la seguridad criptográfica, desde ataques de fuerza bruta hasta ataques de canal lateral.

Analizaremos cómo las tácticas sofisticadas de los actores maliciosos han evolucionado para comprometer la confidencialidad, la integridad y la autenticidad de la información protegida por sistemas criptográficos.

Computación Cuántica:

Una Amenaza Potencial

Abordaremos el creciente riesgo que representa la computación cuántica para los algoritmos criptográficos tradicionales.

Exploraremos cómo los algoritmos de factorización cuántica podrían comprometer sistemas criptográficos de clave pública, generando la necesidad de desarrollar algoritmos cuánticos-resistentes para mantener la seguridad en un mundo post cuántico.

**Ingeniería Social y Ataques a la Implementación**

Analizaremos los desafíos relacionados con la ingeniería social y los ataques a la implementación, donde los actores malintencionados buscan explotar debilidades humanas y fallos en la implementación de algoritmos criptográficos.

Examinaremos cómo la conciencia y la capacitación son esenciales para mitigar estos riesgos.

**Desafíos Éticos y Legales**

Nos adentraremos en los desafíos éticos y legales asociados con la seguridad criptográfica.

Discutiremos temas como la privacidad versus la seguridad nacional, el acceso gubernamental a datos cifrados y los dilemas éticos en el desarrollo y uso de tecnologías criptográficas avanzadas.

**Intersección con la Inteligencia Artificial**

Exploraremos la intersección entre la seguridad criptográfica y la inteligencia artificial, analizando cómo las tecnologías de aprendizaje automático pueden ser utilizadas tanto para fortalecer como para comprometer la seguridad de los sistemas criptográficos.

Resiliencia y Adaptación

Concluiremos el capítulo destacando la necesidad de resiliencia y adaptación en el campo de la seguridad criptográfica.

Discutiremos cómo la capacidad de anticipar, enfrentar y superar los desafíos actuales contribuye a mantener la eficacia y relevancia de los sistemas criptográficos en un entorno digital en constante cambio.

Este capítulo proporciona una visión detallada de los desafíos actuales en seguridad criptográfica, subrayando la importancia de una comprensión profunda y una respuesta proactiva para preservar la integridad de la información en un mundo cada vez más interconectado y digitalizado.

## CAPÍTULO 8 EL AUGE DE LA CRIPTOGRAFÍA CUÁNTICA

Este capítulo se sumerge en el emocionante y revolucionario mundo de la criptografía cuántica, explorando los principios cuánticos subyacentes y cómo están transformando la forma en que concebimos y aplicamos la seguridad en la era digital.

### Principios Cuánticos Fundamentales

Iniciaremos nuestro viaje comprendiendo los principios cuánticos fundamentales que sirven como base para la criptografía cuántica.

Desde la superposición hasta el entrelazamiento cuántico, exploraremos cómo la mecánica cuántica redefine nuestras percepciones de la información y la seguridad.

Estados Cuánticos para la Comunicación Segura

Analizaremos cómo los estados cuánticos, como los qubits, se utilizan para la creación de claves cuánticas seguras.

Examinaremos cómo la propiedad de la no clonación cuántica se convierte en un recurso valioso para la detección de escuchas y cómo los protocolos cuánticos, como el BBM92, permiten la comunicación segura entre partes distantes.

## Computación Cuántica y Criptografía

Exploraremos la intersección entre la computación cuántica y la criptografía, destacando cómo los algoritmos cuánticos, como el algoritmo de Shor, amenazan la seguridad de los algoritmos criptográficos clásicos.

Discutiremos la necesidad de desarrollar algoritmos cuánticos-resistentes para mantener la seguridad en un mundo donde la computación cuántica es una realidad.

**Distribución Cuántica de Claves:**

**Un Pilar de la Criptografía Cuántica**

**Nos adentraremos en la distribución cuántica de claves, un pilar central de la criptografía cuántica.**

**Exploraremos cómo la intrincada conexión cuántica entre partículas permite a las partes acordar claves secretas de manera segura, incluso en presencia de un adversario cuántico.**

**Desafíos y Oportunidades en Criptografía Cuántica**

**Analizaremos los desafíos únicos que presenta la implementación práctica de la criptografía cuántica, desde la gestión de recursos**

cuánticos hasta la necesidad de infraestructuras de comunicación cuántica.

Al mismo tiempo, destacaremos las oportunidades emocionantes que esta nueva era de la criptografía nos ofrece.

Aplicaciones Futuras y

Perspectivas

Concluiremos el capítulo explorando las aplicaciones futuras y las perspectivas de la criptografía cuántica.

Desde la comunicación segura a través de redes cuánticas hasta la posibilidad de construir sistemas cuánticos de votación y firma digital, nos asomaremos al futuro prometedor de la seguridad cuántica.

Este capítulo ofrece una introducción detallada al auge de la criptografía cuántica, una disciplina que promete revolucionar la forma en que protegemos la información en la era de la computación cuántica.

# CAPÍTULO 9 PRINCIPIOS BÁSICOS DE LA COMPUTACIÓN CUÁNTICA

En este capítulo, nos sumergiremos en los fundamentos esenciales que dan vida a la computación cuántica.

Exploraremos los principios cuánticos que subyacen a esta tecnología revolucionaria, comprendiendo cómo los qubits y los fenómenos cuánticos permiten una nueva forma de procesar información.

**Superposición:**

**Más Allá de los Bits Clásicos**

Comenzaremos explorando el concepto de superposición, donde

los qubits pueden existir en múltiples estados simultáneamente.

Compararemos esta propiedad con la naturaleza binaria de los bits clásicos y cómo la superposición amplía significativamente las capacidades de procesamiento de información en la computación cuántica.

**Entrelazamiento Cuántico:**

**Conexiones Intrincadas**

Analizaremos el entrelazamiento cuántico, un fenómeno único en el cual dos qubits están tan intrínsecamente conectados que el estado de uno afecta instantáneamente al otro, incluso a grandes distancias.

Explicaremos cómo este fenómeno se aprovecha para mejorar la eficiencia de la comunicación cuántica y la computación distribuida.

Qubits:

## Unidad Fundamental Cuántica

Profundizaremos en la unidad básica de información cuántica: el qubit.

Compararemos la versatilidad de los qubits con los bits clásicos y analizaremos cómo las propiedades cuánticas de los qubits, como la superposición y el entrelazamiento, brindan una nueva dimensión a la capacidad de procesamiento de información.

**Puertas Cuánticas:**

Transformando la Información

**Exploraremos las puertas cuánticas, análogas a las puertas lógicas en la computación clásica.**

**Analizaremos cómo estas operaciones cuánticas manipulan los qubits, permitiendo la realización de algoritmos cuánticos avanzados, y cómo difieren de las operaciones clásicas.**

**Decoherencia Cuántica:**

**Desafíos en la Estabilidad Cuántica**

**Abordaremos el desafío de la decoherencia cuántica, donde la interacción con el entorno puede**

comprometer la estabilidad cuántica.

Analizaremos cómo se abordan estos desafíos en el diseño de sistemas cuánticos y cómo se busca preservar la coherencia cuántica para realizar cómputos efectivos.

## Algoritmos Cuánticos Destacados

Concluiremos el capítulo explorando algunos de los algoritmos cuánticos más destacados.

Desde el algoritmo de Deutsch-Josza hasta el famoso algoritmo de Shor para factorización cuántica, examinaremos cómo estos algoritmos aprovechan los principios cuánticos para superar eficientemente problemas que desafían la computación clásica.

Este capítulo proporciona una base sólida para comprender los principios básicos de la computación cuántica, cuyas propiedades únicas están en el corazón de los avances revolucionarios en el campo de la criptografía cuántica y la resolución de problemas complejos.

# CAPÍTULO 10 CRIPTOGRAFÍA CUÁNTICA : UN ENFOQUE REVOLUCIONARIO

En este capítulo, exploraremos a fondo cómo la criptografía cuántica redefine las fronteras de la seguridad de la información.

Desde la distribución cuántica de claves hasta la resistencia ante ataques cuánticos, examinaremos cómo los principios cuánticos abren nuevas perspectivas para salvaguardar la confidencialidad en la era de la computación cuántica.

**Distribución Cuántica de Claves:**

# Seguridad Cuántica en la Comunicación

Iniciaremos nuestro análisis con la distribución cuántica de claves, un método revolucionario para asegurar la confidencialidad de las comunicaciones.

Exploraremos cómo la mecánica cuántica permite a dos partes legítimas acordar claves seguras, mientras cualquier intento de interceptación se detecta de manera intrínseca.

Protocolos Cuánticos:

Más Allá de la Distribución de Claves

Analizaremos protocolos cuánticos más allá de la distribución de claves, explorando cómo los principios cuánticos se aplican en la autenticación, la detección de intrusiones y la garantía de la integridad de la información en un entorno cuántico.

Destacaremos ejemplos como el protocolo BBM92 y el esquema de firma cuántica.

Resistencia a Ataques Cuánticos:

Un Paradigma de Seguridad

Abordaremos la resistencia a ataques cuánticos, analizando cómo la criptografía cuántica se convierte en un paradigma de seguridad en un mundo donde la computación cuántica amenaza los algoritmos clásicos.

Exploraremos algoritmos cuánticos-resistentes y cómo la criptografía cuántica proporciona una capa adicional de protección.

**Redes Cuánticas:**

**Comunicación Global Segura**

Exploraremos cómo la criptografía cuántica se extiende a las redes cuánticas, permitiendo la comunicación segura a través de distancias globales.

Analizaremos la distribución cuántica de claves a través de entornos complejos y la posibilidad de construir una infraestructura cuántica para asegurar la transmisión de información sensible.

## Desarrollos Tecnológicos y Aplicaciones Prácticas

Concluiremos el capítulo examinando los desarrollos tecnológicos y las aplicaciones prácticas de la criptografía cuántica.

Desde los avances en hardware cuántico hasta la implementación de sistemas cuánticos en la práctica, exploraremos cómo esta revolucionaria disciplina se traduce en soluciones tangibles para desafíos de seguridad.

Este capítulo proporciona una visión detallada de cómo la criptografía cuántica no sólo aborda las vulnerabilidades de los sistemas actuales, sino que también inaugura una nueva era en la seguridad de la información, fundamentada en los principios cuánticos más profundos de la realidad física.

# CAPÍTULO 11 PROTOCOLOS CUÁNTICOS PARA LA COMUNICACIÓN SEGURA

En este capítulo, exploraremos detalladamente los protocolos cuánticos que constituyen la base de la comunicación segura en el contexto de la criptografía cuántica.

Desde la distribución cuántica de claves hasta la firma cuántica, analizaremos cómo estos protocolos aprovechan los principios cuánticos para garantizar la confidencialidad e integridad de la información.

## Distribución Cuántica de Claves (QKD): La Base de la Seguridad Cuántica

Iniciaremos nuestro análisis con la Distribución Cuántica de Claves (QKD), un protocolo fundamental en criptografía cuántica.

Exploraremos cómo QKD permite a dos partes legítimas compartir claves cuánticas seguras, aprovechando las propiedades cuánticas para detectar cualquier intento de interceptación.

## Protocolo BBM92: Autenticación Cuántica

Analizaremos el Protocolo BBM92, un protocolo cuántico que va más allá de la distribución de claves para proporcionar autenticación en la comunicación cuántica.

Exploraremos cómo este protocolo utiliza el entrelazamiento cuántico para verificar la identidad de las partes y garantizar la autenticidad de la información transmitida.

**Esquema de Firma Cuántica:**

**Garantizando la Integridad**

Profundizaremos en los esquemas de firma cuántica, examinando cómo se utilizan para garantizar la integridad de los mensajes en un entorno cuántico.

Analizaremos la aplicación de principios cuánticos para crear firmas digitales cuánticas, brindando una capa adicional de seguridad en la autenticación de información.

Teleportación Cuántica:

Transmisión Segura de Qubits

Exploraremos la Teleportación Cuántica, un fenómeno cuántico que permite la transmisión segura de qubits entre dos ubicaciones distantes.

Analizaremos cómo este principio se incorpora en la comunicación cuántica, brindando una forma segura de transmitir información cuántica sin revelar su contenido durante la transmisión.

## Desafíos y Avances en la Implementación Práctica

Concluiremos el capítulo abordando los desafíos y los avances en la implementación práctica de estos protocolos cuánticos.

Discutiremos cómo la investigación y el desarrollo tecnológico están allanando el camino para integrar estos protocolos en sistemas del mundo real, marcando un hito en la comunicación segura.

Este capítulo proporciona una visión exhaustiva de los protocolos cuánticos que constituyen la infraestructura de la comunicación segura en el ámbito de la criptografía cuántica.

**Desde la distribución de claves hasta la firma digital, estos protocolos aprovechan las propiedades únicas de la mecánica cuántica para fortalecer la seguridad de la información.**

# CAPÍTULO 12 DESARROLLOS RECIENTES EN COMPUTACIÓN CUÁNTICA APLICADA A LA CRIPTOGRAFÍA

En este capítulo, exploraremos los desarrollos más recientes en el ámbito de la computación cuántica y cómo se aplican específicamente a la criptografía.

Desde algoritmos cuánticos avanzados hasta la búsqueda de soluciones a desafíos específicos, analizaremos cómo la vanguardia de la computación cuántica está moldeando el futuro de la seguridad de la información.

## Algoritmos Cuánticos Avanzados

Iniciaremos explorando los algoritmos cuánticos más avanzados que han surgido recientemente.

Desde mejoras en la factorización cuántica hasta algoritmos para problemas de optimización, analizaremos cómo estas innovaciones afectan directamente a la seguridad criptográfica y desafían las técnicas clásicas.

**Desarrollos en Resiliencia Cuántica**

Analizaremos los avances en resiliencia cuántica, destacando cómo se abordan los desafíos de la decoherencia y la pérdida de información en sistemas cuánticos.

Discutiremos las estrategias para preservar la coherencia cuántica y mejorar la estabilidad de los qubits, aspectos cruciales para la fiabilidad de la computación cuántica aplicada a la criptografía.

## Criptografía Post-Cuántica:

## Preparándonos para el Futuro

Exploraremos la investigación en criptografía post-cuántica, una disciplina que busca desarrollar algoritmos seguros frente a ataques cuánticos.

Analizaremos los esfuerzos para diseñar sistemas criptográficos resistentes a la computación cuántica, preparándonos para una transición suave hacia la seguridad en un mundo post-cuántico.

## Aplicaciones Prácticas en Criptografía Cuántica

Profundizaremos en las aplicaciones prácticas de la computación cuántica en el ámbito de la criptografía.

Desde la simulación cuántica para evaluar la seguridad de algoritmos hasta la implementación de esquemas cuánticos en entornos del mundo real, exploraremos cómo estas aplicaciones están dando forma a la próxima generación de seguridad de la información.

## Desafíos Éticos y Sociales

Abordaremos los desafíos éticos y sociales asociados con el desarrollo y la implementación de tecnologías cuánticas en el campo de la criptografía.

Discutiremos temas como la equidad en el acceso a la tecnología cuántica y la gestión de posibles riesgos asociados con su aplicación.

Perspectivas Futuras y Tendencias Emergentes

Concluiremos el capítulo proyectando perspectivas futuras y destacando tendencias emergentes en la intersección de la computación cuántica y la criptografía.

Desde el diseño de protocolos cuánticos más eficientes hasta la búsqueda de soluciones a desafíos aún no resueltos, exploraremos cómo esta convergencia sigue evolucionando.

Este capítulo proporciona una visión actualizada de los últimos desarrollos en computación cuántica aplicada a la criptografía, mostrando cómo la investigación y la innovación continúan moldeando el panorama de la seguridad de la información en un entorno cuántico.
Hasta la actualidad hay algunas actualizaciones , hay varios desarrollos interesantes en el campo de la distribución cuántica de claves (QKD) y la aplicación de tecnologías cuánticas a la criptografía.

Sin embargo, hay que tener en cuenta que los avances continúan, y se recomendaría consultar fuentes más recientes para obtener información actualizada.

Aquí te presento algunos ejemplos destacados hasta la fecha pero vendrán nuevas actualizaciones :

Distribución Cuántica de Claves a Larga Distancia:

Investigadores han logrado avances en la distribución cuántica de claves a distancias significativas.

Se han realizado experimentos que involucran satélites, como el satélite chino Micius, que ha demostrado la distribución de claves cuánticas a distancias superiores a 1,200 kilómetros.

**Entrelazamiento Cuántico para QKD:**

**Se han explorado métodos para aprovechar el entrelazamiento cuántico en esquemas de QKD.**

**La utilización de pares entrelazados de fotones ha mostrado promisorios avances para fortalecer la seguridad de la distribución cuántica de claves.**

**Criptografía Cuántica Post-Cuántica:**

**Se ha intensificado la investigación en algoritmos cuánticos-resistentes**

como un enfoque hacia la criptografía post-cuántica.

Algoritmos basados en retículos y códigos de corrección de errores cuánticos están siendo explorados como posibles alternativas a los algoritmos clásicos.

Integración de QKD en Redes de Comunicación:

Se están realizando esfuerzos para integrar sistemas QKD en redes de comunicación existentes.

Esto incluye la investigación sobre cómo desplegar infraestructuras de QKD en entornos urbanos y la integración de QKD en protocolos de seguridad de capa de red.

**Desarrollos en Tecnologías Cuánticas:**

**Avances en tecnologías cuánticas, como mejora en la generación y detección de fotones individuales, están contribuyendo a hacer sistemas QKD más eficientes y prácticos.**

**Recuerda que la criptografía cuántica es un campo en rápido desarrollo, y nuevas investigaciones y desarrollos están constantemente transformando nuestra comprensión y aplicación de estos principios cuánticos en la seguridad de la información.**

# CAPÍTULO 13 RETOS Y CONSIDERACIONES ÉTICAS EN CRIPTOGRAFÍA CUÁNTICA

En este capítulo, exploraremos los desafíos y consideraciones éticas que surgen en el contexto de la criptografía cuántica.

A medida que esta disciplina evoluciona y se integra en la sociedad, es crucial abordar cuestiones éticas relacionadas con la implementación, el acceso y el impacto social de estas tecnologías revolucionarias.

## Desafíos Éticos en Investigación y Desarrollo

## Equidad en la Investigación:

Examinaremos la importancia de garantizar que la investigación y el desarrollo en criptografía cuántica sean equitativos y accesibles para diversos grupos de investigadores y países, evitando desequilibrios en el conocimiento y la tecnología.

## Seguridad y Posibles Riesgos:

Consideraremos los desafíos éticos asociados con la seguridad, incluida la investigación sobre posibles vulnerabilidades en sistemas cuánticos y la necesidad de gestionar riesgos potenciales relacionados con la seguridad de la información.

## Consideraciones Éticas en la Implementación Práctica

### Acceso Justo a Tecnologías Cuánticas:

Abordaremos la cuestión del acceso a las tecnologías cuánticas y cómo asegurar que su implementación no cree brechas digitales significativas, garantizando que diversos sectores de la sociedad tengan la oportunidad de beneficiarse.

### Impacto Ambiental:

Discutiremos las consideraciones éticas relacionadas con el impacto ambiental de la implementación de tecnologías cuánticas, incluyendo la gestión de recursos y la sostenibilidad en el desarrollo y mantenimiento de sistemas cuánticos.

## Cuestiones Éticas en la Aplicación de Criptografía Cuántica

**Privacidad y Protección de Datos:**

Exploraremos las implicaciones éticas en términos de privacidad y protección de datos en un entorno donde la criptografía cuántica puede tener un impacto significativo en la forma en que se aseguran y transmiten los datos sensibles.

**Desarrollo Justo y Seguro:**

Consideraremos la ética en el desarrollo de aplicaciones

cuánticas en diversos campos, desde la atención médica hasta las finanzas, asegurándonos de que estos desarrollos beneficien a la sociedad en su conjunto y no perpetúen desigualdades existentes.

## Consideraciones Sociales y Culturales

### Conciencia Pública y Educación:

Analizaremos la importancia de la conciencia pública y la educación ética en torno a la criptografía cuántica, garantizando que la sociedad comprenda las implicaciones y tenga la capacidad de participar en debates informados.

**Impacto en Empleo y Economía:**

**Discutiremos éticamente el posible impacto en el empleo y la economía, considerando cómo la adopción de tecnologías cuánticas puede afectar a las industrias existentes y crear nuevas oportunidades laborales.**

**Perspectivas Éticas Futuras**

**Ética de la Criptografía Post-Cuántica:**

**Concluiremos reflexionando sobre las cuestiones éticas emergentes en el ámbito de la criptografía post-cuántica, preparándonos para los desafíos éticos que podrían surgir a medida que la tecnología avanza.**

Este capítulo busca arrojar luz sobre las complejas cuestiones éticas que rodean la criptografía cuántica, reconociendo la importancia de abordar estos temas de manera reflexiva y equitativa a medida que la tecnología continúa su evolución.

# CAPÍTULO 14 APLICACIONES PRÁCTICAS DE LA CRIPTOGRAFÍA CUÁNTICA

En este capítulo, exploraremos las aplicaciones prácticas y concretas de la criptografía cuántica en diversos sectores y escenarios del mundo real.

Desde la seguridad de la comunicación hasta el procesamiento de información, examinaremos cómo los principios cuánticos se traducen en soluciones tangibles que impactan positivamente en la seguridad y la confidencialidad.

Comunicación Cuántica Segura

## Distribución Cuántica de Claves (QKD):

Detallaremos cómo la QKD se implementa en sistemas de comunicación para asegurar la transmisión segura de información entre partes distantes, aprovechando las propiedades cuánticas para detectar posibles intentos de interferencia.

## Protocolos Cuánticos en Redes de Comunicación:

Exploraremos cómo los protocolos cuánticos se aplican en redes de comunicación para garantizar autenticidad, integridad y confidencialidad en la transmisión de datos, proporcionando capas adicionales de seguridad.

**Seguridad en Transacciones Financieras y Comerciales**

**Criptografía Cuántica en Finanzas:**

**Analizaremos cómo la criptografía cuántica se utiliza para asegurar las transacciones financieras y proteger la confidencialidad de los datos en entornos comerciales, ofreciendo un nivel avanzado de seguridad contra ataques cuánticos.**

**Protección de Datos Sensibles y Privacidad**

**Almacenamiento Seguro de Datos Cuánticos:**

**Describiremos cómo la criptografía cuántica puede contribuir a la**

seguridad en el almacenamiento de datos sensibles, garantizando la privacidad y protegiendo la información contra amenazas de la computación cuántica.

## Computación Segura

### Procesamiento Cuántico Seguro:

Examinaremos cómo los principios cuánticos se aplican en el procesamiento cuántico seguro, permitiendo realizar cálculos sin revelar la información subyacente y proporcionando una capa adicional de seguridad en la computación cuántica.

## Desarrollos en Tecnologías Cuánticas

**Hardware Cuántico en Criptografía:**

**Discutiremos los avances en hardware cuántico y cómo estos se aplican en la implementación práctica de soluciones criptográficas cuánticas, desde generadores cuánticos de números aleatorios hasta procesadores cuánticos.**

**Criptografía Cuántica en Sectores Sensibles**

**Aplicaciones en Sectores Gubernamentales y Militares:**

**Exploraremos cómo la criptografía cuántica encuentra aplicaciones en sectores gubernamentales y militares, protegiendo la información sensible y las**

comunicaciones estratégicas contra amenazas avanzadas.

**Innovación en Investigación y Desarrollo**

**Investigación Continua y Desarrollo Tecnológico:**

**Concluiremos destacando la importancia de la investigación y el desarrollo continuos en el campo de la criptografía cuántica para mantenerse al día con los desafíos emergentes y aprovechar nuevas oportunidades de aplicación.**

**Este capítulo proporciona una visión integral de cómo la criptografía cuántica se materializa en aplicaciones prácticas y concretas en diversos ámbitos,**

subrayando su papel crucial en la seguridad y la protección de la información en la era cuántica.

# CAPÍTULO 15 LA CARRERA POR LA SUPREMACÍA CUÁNTICA

En este capítulo, exploraremos la intensa competencia y los desarrollos clave que han definido la búsqueda de la supremacía cuántica.

Desde avances tecnológicos hasta logros en investigación, analizaremos cómo diversas entidades, desde empresas hasta países, han participado en esta carrera para lograr la supremacía cuántica y el impacto que esto tiene en la computación y la criptografía.

## Contexto Histórico de la Carrera Cuántica

## Hitos Iniciales:

Describiremos los hitos iniciales que marcaron el comienzo de la carrera cuántica, incluyendo desarrollos teóricos y experimentales que sentaron las bases para la exploración de la supremacía cuántica.

## Tecnologías y Plataformas

## Avances en Tecnologías Cuánticas:

Analizaremos las tecnologías cuánticas clave que están en el corazón de la carrera, incluyendo avances en qubits superconductores, qubits de iones atrapados, y otros enfoques para construir sistemas cuánticos robustos y escalables.

## Logros Significativos

## Experimentos de Supremacía Cuántica:

Exploraremos experimentos específicos que se han considerado hitos en la búsqueda de la supremacía cuántica, como el experimento de Google conocido como "Sycamore" que demostró la ejecución de una tarea cuántica compleja más allá de la capacidad de las supercomputadoras convencionales.

## Participantes en la Carrera

## Empresas Tecnológicas:

Analizaremos el papel de empresas tecnológicas líderes en la carrera cuántica, incluyendo a Google, IBM,

Microsoft, y otras, y cómo están contribuyendo al desarrollo de tecnologías cuánticas.

**Iniciativas Gubernamentales y Nacionales:**

Describiremos cómo varios países han lanzado iniciativas y asignado recursos significativos para liderar en la investigación cuántica, destacando el papel de China, Estados Unidos, Europa y otros en esta competencia.

**Desafíos Éticos y de Seguridad**

**Consideraciones Éticas y de Seguridad:**

Abordaremos los desafíos éticos y de seguridad asociados con la carrera por la supremacía cuántica, incluyendo la seguridad de la información en un mundo post-cuántico y la necesidad de un desarrollo equitativo y ético de estas tecnologías.

Impacto en la Criptografía

Implicaciones para la Criptografía:

Analizaremos cómo los avances en la carrera cuántica tienen implicaciones directas para la criptografía, especialmente en términos de la vulnerabilidad de los algoritmos clásicos y la necesidad de desarrollar técnicas criptográficas post-cuánticas.

Futuro de la Supremacía Cuántica

Perspectivas Futuras:

Concluiremos reflexionando sobre el futuro de la supremacía cuántica y cómo este avance tecnológico podría transformar no sólo la informática y la criptografía, sino también la sociedad en general.

Este capítulo ofrece una inmersión profunda en la intensa competencia que rodea la supremacía cuántica, destacando los desarrollos clave y las implicaciones para la tecnología, la seguridad y la criptografía.

# CAPÍTULO 16 LA CRIPTOGRAFÍA POST CUÁNTICA Y SUS DESAFÍOS

En este capítulo, explicaremos la necesidad y los desafíos asociados con la transición hacia la criptografía post-cuántica, considerando cómo la computación cuántica amenaza la seguridad de los algoritmos clásicos y cómo la comunidad científica y tecnológica responde para desarrollar soluciones que sean resistentes a los ataques cuánticos.

## Amenazas Cuánticas a la Criptografía Actual

### Factorización Rápida de Números:

Analizaremos cómo los algoritmos cuánticos, como el algoritmo de Shor, amenazan la seguridad de los sistemas criptográficos actuales basados en la dificultad de factorizar grandes números.

**Búsqueda Grover:**

Exploraremos la amenaza que representa la búsqueda cuántica eficiente, como el algoritmo de Grover, que podría reducir la seguridad de los algoritmos de búsqueda y reducir el tamaño efectivo de las claves simétricas.

**Principios y Desarrollos en**

**Criptografía Post-Cuántica**

**Desarrollo de Algoritmos Post-Cuánticos:**

Describiremos los principios y enfoques en el desarrollo de algoritmos post-cuánticos, aquellos que resisten los ataques cuánticos.

Esto incluirá algoritmos basados en retículos, hash cuánticos y firmas digitales resistentes a la computación cuántica.

Estándares de Criptografía Post-Cuántica:

Discutiremos los esfuerzos para establecer estándares de criptografía post-cuántica, destacando la importancia de tener algoritmos y protocolos robustos y estandarizados antes de que la computación cuántica afecte la seguridad actual.

## Desafíos en la Implementación

### Complejidad y Eficiencia:

Abordaremos los desafíos en la implementación práctica de algoritmos post-cuánticos, incluyendo consideraciones de complejidad y eficiencia que son fundamentales para su adopción generalizada.

### Transición Suave:

Examinaremos cómo realizar una transición suave hacia la criptografía post-cuántica, asegurando que los sistemas existentes puedan migrar de manera efectiva hacia nuevos estándares sin comprometer la seguridad durante el proceso.

## Consideraciones Éticas

## Equidad en el Acceso:

**Reflexionaremos sobre la importancia de garantizar la equidad en el acceso a las soluciones post-cuánticas, evitando brechas digitales y asegurando que diversas comunidades tengan acceso a la seguridad criptográfica avanzada.**

## Perspectivas Futuras

## Investigación Continua:

**Concluiremos destacando la necesidad de investigación continua en criptografía post-cuántica, considerando la evolución constante de la computación cuántica y la**

importancia de anticipar y abordar futuros desafíos.

Este capítulo proporciona una visión profunda de la criptografía post-cuántica, explorando tanto los desafíos técnicos como las consideraciones éticas asociadas con la transición hacia sistemas de seguridad resistentes a la computación cuántica.

# CAPÍTULO 17 LA INTERSECCIÓN DE LA INTELIGENCIA ARTIFICIAL Y LA CRIPTOGRAFÍA CUÁNTICA

En este capítulo, exploraremos cómo la convergencia de la inteligencia artificial (IA) y la criptografía cuántica puede abrir nuevas fronteras en la seguridad de la información y en el rendimiento de algoritmos.

Analizaremos cómo estas dos disciplinas se complementan y potencian mutuamente, abriendo posibilidades innovadoras y desafíos únicos.

## Aplicaciones de la Inteligencia Artificial en Criptografía Cuántica

## Optimización de Protocolos Cuánticos:

Discutiremos cómo las técnicas de aprendizaje automático se aplican para optimizar la eficiencia y la seguridad de los protocolos cuánticos, mejorando la distribución de claves y la autenticación cuántica.

## Detección de Amenazas Cuánticas:

Exploraremos cómo los algoritmos de IA pueden ser utilizados para detectar y mitigar amenazas específicas de la computación cuántica, brindando una capa adicional de seguridad en entornos cuánticos.

# Desarrollos en Aprendizaje Cuántico

## Aprendizaje Cuántico:

Analizaremos la sinergia entre el aprendizaje automático y la computación cuántica, destacando cómo los algoritmos cuánticos pueden mejorar el rendimiento de los modelos de aprendizaje automático y viceversa.

## Procesadores Cuánticos para Redes Neuronales:

Describiremos los desarrollos en el uso de procesadores cuánticos para acelerar el entrenamiento y la inferencia de redes neuronales, abriendo nuevas posibilidades en el ámbito de la IA.

## Desafíos y Consideraciones Éticas

## Seguridad de Modelos de Aprendizaje Automático Cuántico:

Abordaremos los desafíos y las consideraciones éticas en la seguridad de los modelos de aprendizaje automático cuántico, incluyendo la robustez contra ataques cuánticos y la interpretación de modelos cuánticos complejos.

## Equidad y Transparencia en la IA Cuántica:

Reflexionaremos sobre la importancia de garantizar la equidad y la transparencia en la aplicación de la IA cuántica, evitando sesgos y asegurando que los sistemas sean comprensibles y éticos.

**Innovaciones en la Investigación**

**Desarrollos Innovadores:**

**Exploraremos desarrollos innovadores en la intersección de la IA y la criptografía cuántica, desde algoritmos cuánticos mejorados hasta nuevas aplicaciones en la resolución de problemas complejos.**

**Futuro de la Convergencia**

**Perspectivas Futuras:**

**Concluiremos proyectando las perspectivas futuras de la convergencia entre la inteligencia artificial y la criptografía cuántica,**

anticipando cómo esta intersección podría transformar la seguridad de la información y la computación avanzada.

Este capítulo ofrece una visión profunda de cómo la inteligencia artificial y la criptografía cuántica se fusionan para impulsar avances significativos en seguridad y rendimiento, al mismo tiempo que plantea desafíos éticos y oportunidades emocionantes para la investigación futura.

# CAPÍTULO 18 ASPECTOS LEGALES Y REGULACIONES EN CRIPTOGRAFÍA CUÁNTICA

En este capítulo, exploraremos el panorama legal y las regulaciones asociadas con la criptografía cuántica.

Dada la naturaleza avanzada y disruptiva de esta tecnología, es crucial examinar cómo los marcos legales existentes se adaptan y cómo podrían desarrollarse nuevas regulaciones para abordar los desafíos emergentes en el ámbito de la seguridad cuántica.

## Marco Legal Actual

**Reconocimiento Legal de la Criptografía Cuántica:**

**Analizaremos el reconocimiento legal actual de la criptografía cuántica en diferentes jurisdicciones, evaluando cómo se clasifica y trata legalmente esta tecnología innovadora.**

**Protección de la Propiedad Intelectual en Criptografía Cuántica:**

**Discutiremos los marcos legales que protegen la propiedad intelectual relacionada con la criptografía cuántica, considerando patentes, derechos de autor y otras formas de protección legal.**

**Desafíos en la Regulación**

**Estandarización y Normativas:**

Exploraremos los desafíos asociados con la estandarización de la criptografía cuántica y cómo las normativas pueden evolucionar para abordar la diversidad de enfoques y tecnologías emergentes.

Protección de Datos Cuánticos:

Analizaremos cómo se aplican las leyes de protección de datos existentes a la información cuántica y qué consideraciones únicas podrían surgir en relación con la privacidad cuántica.

Aspectos Éticos y de Seguridad

Ética en la Investigación Cuántica:

Abordaremos las consideraciones éticas en la investigación cuántica y cómo los marcos legales pueden influir en la conducta ética de los investigadores y las entidades que participan en el desarrollo de tecnologías cuánticas.

Regulación de Seguridad en Tecnologías Cuánticas:

Examinaremos cómo se regulan las medidas de seguridad en tecnologías cuánticas, considerando la prevención de amenazas cuánticas y la protección de sistemas cuánticos contra posibles ataques.

Implicaciones para Sectores

Específicos

Regulación en Finanzas y Sectores Críticos:

Discutiremos las regulaciones específicas que podrían aplicarse a la implementación de tecnologías cuánticas en sectores financieros y otros sectores críticos, considerando los posibles riesgos y beneficios asociados.

**Seguridad Nacional y Regulación Gubernamental:**

Analizaremos la regulación gubernamental en el ámbito de la seguridad nacional, considerando cómo los gobiernos pueden abordar la adopción y el uso de tecnologías cuánticas para fines estratégicos.

**Perspectivas Futuras y Desarrollo Legal**

**Desarrollo Legal Continuo:**

**Concluiremos proyectando las perspectivas futuras para el desarrollo legal en el campo de la criptografía cuántica, anticipando cómo podrían evolucionar las regulaciones para adaptarse a un entorno tecnológico en constante cambio.**

**Este capítulo ofrece una visión integral de los aspectos legales y reguladores asociados con la criptografía cuántica, destacando la importancia de un marco legal adaptativo y ético para respaldar el desarrollo y la implementación de estas innovadoras tecnologías de seguridad.**

# CAPÍTULO 19 FUTUROS HORIZONTES EN INVESTIGACIÓN CRIPTOGRÁFICA

En este capítulo, exploraremos las direcciones futuras y los horizontes de investigación emocionantes en el campo de la criptografía.

Con un enfoque en las tendencias emergentes, tecnologías innovadoras y desafíos no resueltos, analizaremos cómo la investigación criptográfica seguirá evolucionando y dando forma al futuro de la seguridad de la información.

## Avances en Criptografía Cuántica

## Desarrollos en Algoritmos Cuánticos:

Exploraremos las investigaciones continuas en algoritmos cuánticos, incluyendo avances en la optimización de protocolos cuánticos, la mejora de la eficiencia y la seguridad en la distribución cuántica de claves, y el desarrollo de sistemas cuánticos más robustos.

## Criptografía Post-Cuántica:

Analizaremos los esfuerzos en curso para desarrollar y estandarizar algoritmos post-cuánticos resistentes a ataques cuánticos, anticipando la transición hacia sistemas de seguridad más avanzados y resilientes.

## Exploración de Nuevos Paradigmas Criptográficos

### Paradigmas Más Allá de la Criptografía Cuántica:

Investigaremos la exploración de nuevos paradigmas criptográficos que van más allá de la criptografía cuántica, como la criptografía basada en tecnologías emergentes como blockchain, inteligencia artificial y más.

## Criptografía para Tecnologías Emergentes

### Seguridad en Tecnologías Emergentes:

Analizaremos cómo la criptografía se adaptará para garantizar la seguridad en tecnologías emergentes como el Internet de las cosas (IoT), la computación en la nube cuántica, la inteligencia artificial descentralizada y otros campos disruptivos.

Privacidad y Criptografía

Criptografía para la Privacidad:

Exploraremos investigaciones centradas en la privacidad, incluyendo técnicas criptográficas que preservan la privacidad de los datos en entornos cada vez más interconectados y basados en datos.

# Desarrollos en Computación Cuántica Aplicada

## Aplicaciones Prácticas de la Computación Cuántica:

Analizaremos cómo la investigación se traduce en aplicaciones prácticas de la computación cuántica en la criptografía, desde la simulación cuántica hasta la implementación de algoritmos cuánticos en entornos del mundo real.

## Desafíos Éticos y Sociales

## Consideraciones Éticas y Sociales en Investigación Criptográfica:

Reflexionaremos sobre la importancia de abordar desafíos

éticos y sociales emergentes en la investigación criptográfica, como la equidad en el acceso, la privacidad y la gestión responsable de tecnologías avanzadas.

## Colaboración Internacional y Estándares

Colaboración y Estándares Globales:

Examinaremos cómo la colaboración internacional y la definición de estándares globales serán fundamentales para garantizar la interoperabilidad y la seguridad en un entorno criptográfico cada vez más globalizado.

## Perspectivas Futuras

## Tendencias y Perspectivas Futuras:

Concluiremos proyectando las tendencias y perspectivas futuras en la investigación criptográfica, anticipando cómo la disciplina continuará evolucionando para abordar los desafíos y las oportunidades emergentes.

Este capítulo ofrece una visión panorámica de los futuros horizontes en la investigación criptográfica, destacando la diversidad de enfoques, desafíos y posibilidades que darán forma al futuro de la seguridad de la información.

# CAPÍTULO 20 REFLEXIONES FINALES Y EL PAPEL DE LA CRIPTOGRAFÍA EN EL FUTURO DIGITAL

En este capítulo final, reflexionaremos sobre los temas clave abordados a lo largo del libro y exploraremos el papel fundamental que la criptografía desempeñará en el futuro digital.

Desde los desafíos actuales hasta las oportunidades emergentes, analizaremos cómo la criptografía continuará siendo un pilar esencial para garantizar la seguridad y la confidencialidad en un entorno tecnológico en constante evolución.

## Recapitulación de Temas Clave

**Evolución de la Criptografía:** Haremos una revisión de la evolución de la criptografía, desde sus fundamentos matemáticos hasta las tecnologías cuánticas y más allá.

**Desafíos Actuales en Seguridad:**

**Reflexionaremos sobre los desafíos actuales en seguridad de la información, incluyendo amenazas cibernéticas, ataques avanzados y la necesidad de proteger la privacidad en un mundo digital.**

**Criptografía Cuántica como**

**Transformadora**

Importancia de la Criptografía Cuántica:

Exploraremos cómo la criptografía cuántica se perfila como una tecnología transformadora, ofreciendo soluciones robustas ante los desafíos planteados por la computación cuántica.

Equilibrio entre Innovación y Seguridad

Innovación y Seguridad:

Analizaremos la relación entre la innovación tecnológica y la seguridad, destacando la importancia de encontrar un equilibrio que permita avances significativos sin comprometer la seguridad de la información.

## Educación y Concientización

### Educación en Seguridad Cibernética:

Reflexionaremos sobre la importancia de la educación en seguridad cibernética y la concientización pública para enfrentar los desafíos emergentes y fomentar prácticas seguras.

## El Futuro Digital y la Criptografía

### Rol Central en el Futuro Digital:

Analizaremos cómo la criptografía jugará un papel central en el futuro digital, asegurando transacciones seguras, protegiendo la privacidad y garantizando la confidencialidad de la información.

Colaboración Global Internacional:

Reflexionaremos sobre la
necesidad de la colaboración
internacional en la investigación
criptográfica y la definición de
estándares globales para garantizar
la seguridad a escala mundial.

Ética en la Investigación y

Desarrollo

Consideraciones Éticas en
Criptografía:

Discutiremos la importancia de
abordar consideraciones éticas en
la investigación y desarrollo de
tecnologías criptográficas,
asegurando que la innovación vaya

de la mano con la responsabilidad y la equidad.

Perspectivas de Innovación Continua.

Concluiremos destacando la necesidad de una innovación continua en el campo de la criptografía, preparándonos para los desafíos y oportunidades que surgirán en un futuro digital en constante evolución.

Este capítulo final servirá como cierre reflexivo, destacando la importancia continua de la criptografía en la seguridad y la confidencialidad en el paisaje digital en constante cambio y subrayando la necesidad de un

**enfoque ético y colaborativo para abordar los desafíos futuros.**

# CONCLUSIÓN

En el cierre de este libro, quiero expresar mi profundo agradecimiento por tu constante apoyo a lo largo de esta travesía exploratoria en el fascinante mundo de la criptografía.

La seguridad en el ámbito digital es un desafío perenne, y la criptografía, con sus raíces históricas y sus innovaciones cuánticas, se erige como la guardiana de la confidencialidad y la integridad en nuestro creciente universo digital.

A medida que exploramos la evolución desde los principios

matemáticos hasta los desafíos cuánticos, hemos vislumbrado el papel crucial que desempeña la criptografía en la salvaguarda de la información en la era digital.

La criptografía cuántica se presenta como una fuerza transformadora, ofreciendo soluciones pioneras ante las amenazas emergentes de la computación cuántica y prometiendo un futuro de seguridad aún más robusto.

Este viaje no solo ha sido un examen profundo de conceptos criptográficos y tecnologías de vanguardia, sino también una reflexión sobre la intersección de la ética, la seguridad y la innovación en un mundo cada vez más conectado.

La criptografía no sólo es una herramienta tecnológica, sino un pilar ético que guía la evolución digital de manera responsable y equitativa.

Tu dedicación y curiosidad han sido la fuerza impulsora detrás de esta exploración, y te agradezco sinceramente por acompañarme en este viaje intelectual.

A medida que nos despedimos de estas páginas, llevemos con nosotros el entendimiento de que la seguridad digital es un compromiso colectivo y que la criptografía continuará desempeñando un papel crucial en la protección de nuestra información y en la construcción de un futuro digital más seguro.

Agradecido por tu atención y entusiasmo constante .

Recomendaciones

Asegúrate de que los conceptos clave de la criptografía se expliquen de manera clara y accesible para un público diverso, incluyendo a aquellos que pueden no tener un fondo técnico.

Conexiones con la Vida Cotidiana:

Realiza ejemplos y analogías que conecten los principios criptográficos con situaciones de la vida cotidiana.

Esto ayuda a que los lectores comprendan la relevancia práctica de estos conceptos.

## Ejemplos

Incluye ejemplos prácticos y casos de estudio que ilustren cómo se aplican los principios criptográficos en situaciones reales.

Esto facilita la comprensión y demuestra la importancia práctica de la criptografía.

**Integración de Desafíos Actuales:**

Incorpora información sobre desafíos actuales en seguridad digital y cómo la criptografía aborda o puede abordar estos desafíos.

Mantente actualizado con las tendencias y eventos relevantes en el campo.

**Enfoque en la Criptografía Cuántica:**

**Dado el interés creciente en la criptografía cuántica, dedica una sección significativa del libro a este tema.**

**Explora cómo esta tecnología está cambiando el panorama de la seguridad digital.**

**Perspectiva Histórica:**

**Ofrece una perspectiva histórica para contextualizar la evolución de la criptografía.**

**Esto ayuda a los lectores a apreciar cómo los métodos y desafíos han cambiado a lo largo del tiempo.**

**Involucramiento del Lector:**

Incluye elementos interactivos, preguntas para reflexionar y ejercicios prácticos para fomentar la participación del lector y reforzar la comprensión.

Consideraciones Éticas:

Aborda las consideraciones éticas asociadas con la criptografía, especialmente en temas de privacidad y seguridad.

Explora cómo se pueden abordar estos problemas de manera ética en un mundo cada vez más digital.

Actualización Continua:

Mantente actualizado con los avances en el campo de la criptografía y realiza revisiones periódicas para incorporar nueva información y desarrollos tecnológicos.

**Aplicaciones Prácticas:**

**Muestra aplicaciones prácticas de la criptografía en diversos campos, desde la seguridad informática hasta las transacciones financieras, para ilustrar su importancia en la vida diaria.**

**Colaboración y Revisión:**

**Busca la colaboración de expertos en criptografía para revisar y validar el contenido técnico , asegurando la precisión y relevancia de la información.**

**Diseño Atractivo y Accesible:**

Diseña de manera atractiva, con gráficos, diagramas y una estructura que facilite la lectura.

Esto mejora la experiencia y ayuda en la comprensión de conceptos complejos.

**Enfoque en el Futuro:**

Dedica una sección a la visión futura de la criptografía, explorando tendencias emergentes y posibles direcciones para la investigación y el desarrollo en seguridad digital.

Recuerda adaptar cada tema a tu proyecto y adaptalo a tu medida para resolver problemas existentes si los hubiera sigue adelante investigando y desarrollando nuevos proyectos.

**Muchas gracias.**